Sabine Husmann

Alte und neue Ideen im Bereich der Unendlichkeit

Zu Bernhard Bolzanos - "Paradoxien des Unendlichen"

GRIN Verlag

Bibliografische Information der Deutschen Nationalbibliothek:

Die Deutsche Bibliothek verzeichnet diese Publikation in der Deutschen National-
bibliografie; detaillierte bibliografische Daten sind im Internet über http://dnb.d-
nb.de/ abrufbar.

Impressum:

Copyright © 2007 GRIN Verlag, Open Publishing GmbH
Druck und Bindung: Books on Demand GmbH, Norderstedt Germany
ISBN: 978-3-640-99832-6

Dieses Buch bei GRIN:

http://www.grin.com/de/e-book/177925/alte-und-neue-ideen-im-bereich-der-
unendlichkeit

Johannes Gutenberg-Universität Mainz

Mathematisches Institut

Seminar: „Über das Unendliche in der Geschichte der Mathematik"

Sommersemester 2007

Bernard Bolzano, *Paradoxien des Unendlichen*

Alte und neue Ideen im Bereich der Unendlichkeit

Sabine Husmann

Mathematik, 10. Fachsemester

Inhaltsverzeichnis

I. Einleitung

Diese Hausarbeit widmet sich den *Paradoxien des Unendlichen* von Bernard Bolzano, einem Werk, das 1851 – 3 Jahre nach seinem Tod – erschien und hier anhand eines reprographischen Nachdrucks von 1964 untersucht wird.

Im ersten Teil dieser Hausarbeit wird Bolzanos Leben dargestellt und kurz auf seine Werke eingegangen. Die konstante Verbindung von Mathematik bzw. den Naturwissenschaften und Theologie bzw. Philosophie, die sich durch sein ganzes Leben zieht, tritt gerade in den *Paradoxien des Unendlichen* besonders deutlich hervor.

Im zweiten Teil wird auf den Inhalt der *Paradoxien* eingegangen, der anhand einiger wichtiger Punkte erläutert wird. Zudem werden Verbindungen zu bisherigen Ideen im Bereich der Unendlichkeit gezogen, die sich aus Bolzanos Werk ergeben. Es folgt ein Kapitel, in dem gezeigt wird, dass Georg Cantor später Ideen Bolzanos aufgegriffen hat und genau wie dieser die Existenz eines Aktual-Unendlichen vertritt. Weiterhin wird auf den Einfluss hingewiesen, den Bolzanos *Paradoxien* auf die Entstehung der Mengenlehre bei Cantor hatte.

In der Schlussbetrachtung werden noch einmal die Besonderheiten der *Paradoxien* hervorgehoben und die Wichtigkeit des Werkes, zumindest für Cantors Mengenlehre, betont.

II. Bernard Bolzano: Leben und Werke[1]

II.1 Das Leben Bernard Bolzanos

Bernard Placidus Johann Nepomuk Bolzano wurde am 05.10.1781 in Prag geboren. Er besuchte fünf Jahre lang ein Gymnasium (1791-96) und studierte danach Philosophie, Mathematik und Physik an der Prager Karls-Universität. 1800 begann er überdies ein Studium der Theologie. Mit 24 Jahren (1805) promovierte er und wurde zum Priester geweiht. Im selben Jahr übernahm er das Lehramt für Religionswissenschaft und nicht den Lehrstuhl für Elementarmathematik. Hier gehen die Meinungen auseinander, ob er sich bewusst für die Theologie entschieden hat, oder ob bei der Wahl der Besetzung des Lehrstuhls im Bereich der Mathematik gegen ihn entschieden wurde.

---

[1] Dieses Kapitel stützt sich vor allem auf Meschkowski (1964), S.39f. sowie auf die elektronischen Quellen http://www-history.mcs.st-andrews.ac.uk/history/Biographies/Bolzano.html und http://de.wikipedia.org/wiki/Bernard_Bolzano.

Er konnte zwischen einer mathematischen Professur und einem Lehramt für Religionswissenschaft wählen. Der zwei Tage nach der Promotion (zum Dr. phil.) geweihte Priester entschied sich für die Religionswissenschaft.[2]

Bolzano bewarb sich nachreiflicher Überlegung um beide Lehrstühle, und Gerstner empfahl ihn nachdrücklich für den mathematischen Lehrstuhl. Durch ein bisher nicht völlig geklärtes Zusammentreffen von Umständen wurde in Wien entschieden, den Lehrstuhl für Mathematik einem anderen Bewerber, L. Jandera, zu übertragen, der nie eine eigenständige mathematische Arbeit geschrieben hatte.[3]

Ein Jahr später wurde Bolzano zum ordentlichen Professor ernannt. 1815 wurde er Mitglied der Königlichen Böhmischen Gesellschaft der Wissenschaften und drei Jahre später der Direktor der dortigen naturwissenschaftlichen Abteilung. Im selben Jahr wurde er auch Dekan der Philosophischen Fakultät der Prager Universität.

Dadurch wird deutlich, wie sehr die Bereiche Mathematik/ Naturwissenschaften und Theologie/ Philosophie bei Bolzano zusammenhängen.

Erst bei Bolzano gewinnt man wieder einen großartigen Eindruck von der Nachbarschaft mathematischer und philosophischer Inspiration.[4]

(...) und die Mathematik beeindruckte ihn, wie er selbst zu sagen pflegte, gerade wegen ihres philosophischen Aspekts.[5]

1819 wurde Bolzano durch Kaiser Franz entlassen und erhielt wegen angeblicher Irrlehren ein Publikationsverbot. Tatsächlich verhielt sich so, dass Bolzano Kritik an der österreichischen Verfassung übte und pazifistische sowie sozialistische Ansichten hatte.

Am 18.12.1848 starb Bolzano in Prag.

Drei Jahre nach seinem Tod (1851) wurden die *Paradoxien des Unendlichen* aus Bolzanos Nachlass durch seinen Schüler F. Prihonsky herausgegeben.

II.2 Die Werke Bernard Bolzanos

1810: Beyträge zu einer begründeteren Darstellung der Mathematik
1816: Der binomische Lehrsatz
1817: Rein analytischer Beweis des Lehrsatzes, daß zwischen zwey Werthen, die ein entgegengesetztes Resultat gewähren, wenigstens eine reelle Wurzel der Gleichung liege
1827: Athanasia oder Gründe für die Unsterblichkeit der Seele
1834: Lehrbuch der Religionswissenschaft
1837: Wissenschaftslehre
1851: Paradoxien des Unendlichen
1930: Functionenlehre
1967: Anti-Euklid
1975: Größenlehre

---

[2] Meschkowski (1964), S. 39.
[3] Wußing/ Arnold (1975), S. 323.
[4] Bense (1944), S. 58f.
[5] Wußing/ Arnold (1975), S. 321.

Aus der Betrachtung der Werke Bolzanos geht hervor, dass er sowohl mathematische als auch theologische Schriften verfasst hat. Einige seiner Arbeiten sind sogar erst nach seinem Tod herausgegeben worden. Nach dem Publikationsverbot von 1819 hat Bolzano mehrere Jahre lang nichts veröffentlicht. Als der Kaiser 1835 starb konnte Bolzano wieder publizieren, ohne mit schweren Strafen rechnen zu müssen, doch blieben seine Arbeiten lange Zeit unbeachtet. Dies lag sicherlich auch daran, dass Prag, der Ort seines Wirkens, nicht zu den mathematischen Zentren der Zeit zählte.

III. Bolzanos *Paradoxien des Unendlichen*

III.1 Allgemeines über die *Paradoxien*

> Die ‚Paradoxien' sind der letzte Strahl von Bolzanos Geist und ein echtes Kind seines Denkens. Fragen der Mathematik sind, entsprechend seiner Art zu denken, eng mit Fragen der Metaphysik verknüpft.[6]

Auf 134 Seiten spricht Bolzano in 70 Kapiteln verschiedene Paradoxien an, die sich im Bereich der Unendlichkeit bisher ergeben haben. Zu Anfang nennt er eigene Definitionen von verschiedenen mathematischen Begriffen, mit denen er daraufhin arbeiten wird. Beispiele zum Verständnis von Unendlichkeit anderer Mathematiker und Philosophen werden von Bolzano angeführt und kommentiert. Paradoxien versucht er aufzulösen. Dabei hält er sich nicht allein an Paradoxien, die aus der Betrachtung des unendlich Kleinen und des unendlich Großen bei verschiedenen mathematischen Berechnungen entstehen, sondern weitet seine Überlegungen beispielsweise auch auf die Raum-Zeit-Lehre aus. Er geht bei den einzelnen Fällen nicht in die Tiefe, aber deckt mit seiner Auswahl der Paradoxien ein breites Spektrum ab.

> Es sind Gedankensplitter, die miteinander in loser Verbindung stehen.[7]

III.2 Inhaltliche Eckpunkte der *Paradoxien*

Bolzano gilt als ein Vertreter des Aktual-Unendlichen. Dies erkennt man daran, wie er die Auffassungen seiner Vorgänger kritisiert. Zum Beispiel wollte Cauchy „das Unendliche [...] als eine veränderliche Grösse beschreiben, deren Werth unbegränzt wächst und füglich grösser werden könne, als jede gegebene, noch so grosse Grösse. Die Grän-

---

[6] Winter (1969), S. 129.
[7] Winter (1969), S. 129.

ze dieses unbegränzten Wachsens sei die unendlich grosse Grösse." (9)[8] Für Bolzano entsteht hier der Widerspruch von „unbegrenzt" und „Grenze". Für ihn ist die Unendlichkeit etwas wirklich Existierendes. Er schreibt: „Auch auf dem Gebiete der Wirklichkeit begegnen wir also überall einer Unendlichkeit." (37), z.b. ist Gott für ihn unendlich. Hier zeigt sich wieder die enge Verbundenheit von Mathematik und Theologie in Bolzanos Denken. Desweiteren tadelt Bolzano Spinozas Ansicht, „dass nur Dasjenige unendlich sei, was keiner ferneren Vermehrung fähig ist" (10). Dies steht nämlich im Widerspruch dazu, dass man zu Unendlichem sogar Unendliches hinzufügen kann (wenn man zum Beispiel eine an einem Ende begrenzte Gerade nimmt und sie zu einer unbegrenzten Gerade erweitert). Anschließend prüft Bolzano die Meinung, dass „unendlich sei, was kein Ende hat" (11), also keine Grenze. Er kommt zu dem Schluss, dass auch diese Definition nicht stimmen kann, da ein Punkt oder eine Kreislinie keine Grenze haben, aber trotzdem endlich sind. Als letzte Vorstellung von Unendlichkeit beanstandet Bolzano die Annahme, dass „unendlich gross sei, was größer ist als jede angebliche Grösse" (12), da dies allein auf die subjektive Erfahrungsmöglichkeit des Einzelnen bezogen ist.

Vor Bolzano waren viele Mathematiker der Auffassung, dass das Aktual-Unendliche nicht existiert. Bolzano hat sich gegen diese Meinung gewendet und geschrieben:

> ‚Eine unendliche Menge,' sagt man, ‚kann es schon aus dem Grunde nirgends geben, weil eine unendliche Menge nie in ein Ganzes vereinigt, nie in Gedanken zusammengefasst werden kann.'(15)

Bolzano kritisiert diese Ansicht und nennt als Beispiel, dass die Vorstellung der Gattung „Satz" ausreicht, um sich die unendliche Menge aller Sätze vorstellen zu können.

In §20, dem Paragraphen, der in der Sekundärliteratur am häufigsten zitiert wird, geht Bolzano auf die eindeutige Zuordnung zweier unendlicher Mengen ein, wobei die eine aber nur eine Teilmenge der anderen ist. Hierzu schreibt er:

> Zwei Mengen, die beide unendlich sind, können in einem solchen Verhältnisse zu einander stehen, dass es einerseits möglich ist, jedes ein einem Menge gehörige Ding mit einem der anderen zu einem Paare zu verbinden mit dem Erfolge, dass kein einziges Ding in beiden Mengen ohne Verbindung zu einem Paare bleibt, und auch kein einziges in zwei oder mehreren Paaren vorkommt; und dabei ist es doch andererseits möglich, dass die eine dieser Mengen die anderen als einen blossen Theil in sich fasst. (28f.)

---

[8] Bolzano (1964), S. 9. Im Folgenden werden Zitate aus dieser Quelle nur noch mit der Seitenzahl in Klammern angegeben.

Als Beispiel nennt er die eindeutige Zuordnung 5y = 12x mit x ∈ [0,5] und y ∈ [0,12], wobei [0,5] ja nur eine Teilmenge von [0,12] ist. Bolzano macht seine Entdeckungen immer anhand von Beispielen klar; ausführliche und mathematisch einwandfreie Beweise dagegen findet man nicht. Dies verdeutlicht, worauf die hohe Anzahl an Kapiteln auf den dafür eher wenigen Seiten des Buches schon hinweist: Die Paradoxien werden nur kurz vorgestellt und anhand von Beispielen erklärt und aufgelöst.

Bei Bourbaki stößt man auf folgende Aussage:

> Er bemerkt auch, dass der charakteristische Unterschied zwischen endlichen und unendlichen Mengen darin besteht, dass eine unendliche Menge E gleich-mächtig zu einer von E verschiedenen Teilmenge von E ist; er gibt jedoch kei-nen überzeugenden Beweis für diese Behauptung.[9]

Über die Mächtigkeit von Mengen sagt Bolzano, dass man aus der eindeutigen Zuordnung zwischen zwei Mengen nicht schließen kann, „dass diese beiden Mengen, wenn sie unendlich sind, in Hinsicht auf die Vielheit ihrer Theile [...] einander gleich seien." (31) Nur bei zwei endlichen Mengen (oder zumindest einer endlichen Menge nach Voraussetzung) und einer eindeutigen Zuordnung zwischen beiden Mengen lässt sich sagen, dass sie „in Hinsicht auf die Vielheit ihrer Theile für völlig gleich zu erklären" (32) sind; bei unendlichen Mengen gilt das nicht, weil es nach Durchnummerieren kein letztes Element gibt, das die Vielheit der Menge angibt. Immer wieder weist Bolzano darauf hin, dass man die Gesetze, die für endliche Mengen gelten, nicht ohne weiteres auf unendliche Mengen übertragen darf.

„Eine stetige Ausdehnung oder ein Continuum" (63) erklärt Bolzano mit der Annahme von benachbarten Punkten (heute würden wir von einer ε-Umgebung sprechen). Dabei können Punkte einander nicht berühren, da sie dann nämlich direkt identisch wären. Eine unendliche Menge von Punkten liefert, wenn sie die Nachbardefinition erfüllt, ein Ausgedehntes; umgekehrt lässt sich aber kein Ausgedehntes jemals in eine Menge von Punkten zerlegen.

Für Bolzano sind Raum und Zeit unendlich; sie enthalten unendlich viele Raum- und Zeitpunkte. „Schon die Menge der Zeitpuncte, die zwischen je zwei einander auch noch so nahestehenden Zeitpunkten α und β, ingleichen die Menge der Raumpuncte, die zwi-

---

[9] Bourbaki (1971), S. 40f.

schen je zwei einander auch noch so nahestehenden Raumpuncten a und b liegen, ist unendlich." (23) Jedoch kann er die von Mathematikern in einigen Fällen angenommene Unendlichkeit nicht bestätigen. So spricht er sich zum Beispiel gegen unendlich kleine Zeiteinheiten aus, da im Vergleich dazu „jede endliche Zeitlänge, z.b. eine Secunde, schon eben darum als unendlich gross zugestanden werden müsste" (39). Desweiteren kann er die Vorstellung von unendlich großen oder unendlich kleinen Entfernungen nicht teilen, da für ihn zwei Punkte im Raum immer endlich weit voneinander entfernt sind.

Über die Zeit äußert sich Bolzano weiter wie folgt: „Die Zeit selbst ist [...] diejenige an einer jeden [...] abhängigen Substanz befindliche Bestimmung" (77). Und weiter: „x in dem Zeitpuncte t hat entweder die Beschaffenheit b oder Nicht-b" (77). Für Bolzano ist die Zeit somit nichts Existierendes an sich, aber sie ist nicht Nichts. Ferner schreibt er, dass jeder Augenblick „eine unendliche Menge ganzer Zeitlängen" (76) enthält.

Er versteht den Raum auch als eine Bestimmung an den Substanzen und schreibt, dass es drei räumliche Ausdehnungen gibt.

III.3 Anknüpfungspunkte in den *Paradoxien* an frühere Ideen im Bereich der Unendlichkeit

Schon früh kamen Überlegungen zum Unendlichen auf und wurden in Form verschiedener Paradoxien bekannt. Bei Zenon von Elea (490-430 v.Chr.) findet sich beispielsweise das Teilungsparadoxon: Ein Läufer erreicht nie das Ziel, wenn er immer nur die Hälfte der noch vor ihm liegenden Strecke überwindet. Der Läufer muss also eine unendlich große Menge an Streckenabschnitten durchlaufen, um das Ziel zu erreichen. Bolzano greift die Idee indirekt auf und schreibt darüber, dass es Flächen und Körper gibt, die sich bis ins Unendliche fortsetzen, aber trotzdem endlich sind (z.B. die Fläche $1 \cdot 1 + 1 \cdot 1/2 + 1 \cdot 1/4 + ... < 2$) (vgl. 94-101).

Etwas später bei Euklid (~365-300 v.Chr.) heißt es, dass geometrische Objekte (z.B. Linien) immer begrenzt sind, man aber trotzdem jede Linie verlängern kann (wobei sie aber begrenzt bleibt). Bolzano schränkt diese Aussage ein und sagt, dass nur eine beidseitig begrenzte Gerade endlich ist. Dagegen sind einseitig begrenzte Geraden und unbegrenzte Geraden unendlich. Zudem gesteht Bolzano einer Gerade zu, eine unendliche Menge von Punkten zu enthalten. (vgl. 102-108)

Auch bei Galileo Galilei (1564-1642) tritt die Idee auf, dass eine Linie aus unendlich vielen unteilbaren Punkten besteht, dem Bolzano nur zustimmen kann. Desweiteren lässt sich schon bei Galilei die Idee der Eins-zu-Eins-Beziehung zwischen Elementen zweier unendlicher Mengen, wobei die eine eine Teilmenge der anderen ist, finden.

> From Galileo's paradox on the one-to-one correspondence between integers and perfect squares, Bolzano went on to show that similar correspondences between the elements of an infinite set and a proper subset are commonplace.[10]

Evangelista Torricelli (1608-1647) stellt seine Trompete, einen unendlichen Rotationskörper mit endlichem Volumen, vor, was sich auf dieselbe Überlegung bei Bolzano wie beim Teilungsparadoxon zurückführen lässt. Man bemerkt, dass er in diesen Fällen eine Konvergenz erkennt, ihm die Terminologie aber noch fehlt, um dies auszudrücken. So erklärt er auch auf mehreren Seiten, dass die unendliche Reihe $a - a + a - a + a - a + ...$ kein sinnvolles Ergebnis liefert (vgl. 49-53), kann aber noch nicht ausdrücken, dass es sich hierbei um eine divergente Reihe handelt und eine weitere Betrachtung unnötig ist.

Henry More (1614-1687) vertritt die Ansicht, dass ein Vakuum existiert. Damit meint er einen leeren Raum, der keine Materie und keinen Körper enthält. Bolzano widerspricht dem und behauptet, dass jeder Körper an allen Seiten mit anderen Körpern in Berührung steht oder zumindest mit Äther.

> Somit lässt sich behaupten, dass eigentlich jeder Körper nach allen Seiten mit irgend einigen anderen Körpern, oder in Ermangelung derselben mit blossem Aether in Berührung stehe. (128)

Auch John Wallis (1616-1703) ist der Meinung, dass eine Linie aus unendlich vielen Punkten besteht – wie es auch so bei Bolzano heißt. Dies weist darauf hin, dass sich bei solch grundlegenden Überzeugungen in verschiedenen Zeiten immer wieder Vertreter einer bestimmten Meinung finden lassen.

Schaut man sich einmal die Aussage Gottfried Wilhelm Leibniz' (1646-1716) über das Kontinuum an, so lässt sich eine Übereinstimmung mit Bolzano darin finden, dass sich das Kontinuum nicht in einzelne Punkte zerlegen lässt. Einen Unterschied kann man

---

[10] Boyer (1968), S. 565.

aber darin erkennen, dass sich das Kontinuum bei Leibniz nicht aus unendlich vielen Punkten zusammensetzen lässt, es bei Bolzano aber unendlich viele Punkte enthält. (vgl. 72-76)

Über die Zeit schreibt Leibniz, dass sie kein Dasein ohne bzw. außerhalb der Welt hat. Bolzano drückt es so aus, dass für ihn die Zeit nichts Existierendes an sich ist, aber eine Bestimmung an den Substanzen und somit nicht Nichts. (vgl. 76-79)

Leibniz' Satz vom zureichenden Grund impliziert, dass es keinen Grund für zwei identische Objekte gibt und somit auch keine Atome. Bolzano, der auch Paradoxien aus den Gebieten der Metaphysik und Physik behandelt, schreibt dazu:

> Es gebe nicht zwei einander durchaus gleiche Dinge, somit auch nicht zwei einander durchaus gleiche Atome oder einfache Substanzen im Weltall; nothwendig aber müsse man dergleichen einfache Substanzen voraussetzen, sobald man zusammengesetzte Körper in der Welt annimmt; man müsse endlich auch voraussetzen, dass alle diese einfachen Substanzen veränderlich sind und sich fortwährend verändern. (108)

Zu der Ansicht George Berkeleys (1685-1753), dass eine unendlich kleine Größe ein „Nichts" ist, führt Bolzano einige Widersprüche auf, die aus der Behauptung entstehen, dass unendlich kleine Größen, wenn man sie mit gewissen anderen durch Addition oder Subtraktion verbindet, zu Null werden oder verschwinden. (vgl. 59-61)

III.4 Einige Ideen aus Bolzanos *Paradoxien* bei Georg Cantor (1845-1918)

Wie groß der Einfluss der Ideen Bolzanos aus den *Paradoxien* auf Cantors Mengenlehre war, lässt sich heute schwer sagen. Doch bei Purkert heißt es:

> Cantor hat Bolzanos Schrift in späteren Arbeiten hoch eingeschätzt, hat dabei aber auch Bolzanos Grenzen deutlich herausgearbeitet.[11]

Ein wichtiger Schritt Bolzanos war es, sich von Zahlen, Kurven und Räumen zu lösen und zu der Vorstellung zu kommen, gewisse gleichartige Elemente zu einer Menge zusammen zu fassen. Hier hielt sich Bolzano nicht einfach bei begrenzten Mengen von Elementen auf, sondern ging über zu unendlichen Mengen.

Wie im vorigen Abschnitt schon gezeigt wurde, ging Bolzano auf die Auffassungen anderer Mathematiker und Philosophen zur Unendlichkeit ein und zeigte deren Proble-

---

[11] Purkert (1987), S. 45.

me und Widersprüche auf. Eine ähnliche Herangehensweise verwendete Cantor bei der Rechtfertigung seiner Lehre vom Aktual-Unendlichen:

> Ein großer Teil von Cantors mathematisch-philosophischen Erörterungen ist der Verteidigung seiner Überzeugungen von der Existenz des Aktual-Unendlichen gewidmet. Er setzt sich mit mathematischen, philosophischen und auch theologischen Argumentationen sowohl von Zeitgenossen als auch von Gelehrten der Vergangenheit gegen das Aktual-Unendliche auseinander. Sein Ausgangspunkt ist die eigene felsenfeste Überzeugung, dass er durch die Schaffung der transfiniten Mengenlehre die Existenz des Aktual-Unendlichen mathematisch gesichert hat.[12]

Dies deutet zudem darauf hin, dass sich Cantor – wie schon Bolzano – nicht allein mit dem Unendlichen in der Mathematik beschäftigt hat, sondern seine Überlegungen auch auf die Bereiche Theologie und Philosophie ausdehnte. Er sah Gott ebenfalls als Realisierung des Aktual-Unendlichen an.[13]

Einen weiteren Anknüpfungspunkt an Bolzanos Ideen lässt sich im Kampf Cantors gegen die Existenz unendlich kleiner Zahlen erkennen.[14] Bolzano wehrte sich beispielsweise gegen die Annahme unendlich kleiner Raum- und Zeiteinheiten.

IV. Schlussbetrachtung

In seinem Werk *Paradoxien des Unendlichen* geht Bolzano auf viele Paradoxien aus ganz verschiedenen Bereichen ein und deckt somit ein breites Spektrum ab. Er geht dabei zwar nicht in die Tiefe und lässt mathematische Beweise so gut wie immer außen vor, doch gestaltet er durch die Verwendung vieler Beispiele die aufgeführten Paradoxien für seine Leser anschaulich und gut nachvollziehbar.

In einigen Fällen nennt Bolzano explizit die Urheber der Ideen, die er vorstellt und kritisiert. Wie im zweiten Teil dieser Arbeit gezeigt wurde, lassen sich aber auch sonst viele Anknüpfungspunkte zu Auffassungen früherer Mathematiker und Philosophen finden.

Bolzano erkennt und betont immer wieder, dass man die Gesetze, die für endliche Mengen gelten, nicht ohne weiteres auf unendliche Mengen übertragen darf. Dies ist ein Grund, wieso vielen die beschriebenen Beispiele paradox erscheinen, da sie die Eigen-

---

[12] Purkert (1987), S. 113.
[13] vgl. Purkert (1987), S. 155f.
[14] vgl. Purkert (1987), S. 114f.

schaften endlicher Mengen auch gleich als Eigenschaften unendlicher Mengen angesehen haben.

Dass Bolzano zu den Vertretern des Aktual-Unendlichen zählt erkennt man daran, wie er die Auffassungen seiner Vorgänger kritisiert, den Begriff des potentialen Unendlichen angreift und Belege für die Existenz des Aktual-Unendlichen anführt (z.B. Gott).

Die von Bolzano in den *Paradoxien* entwickelte Theorie ist völlig neuartig. Sie bereitete den Weg für eine neue Interpretation des mathematischen und metaphysischen Unendlichen. Diese neue Vorstellung von der Zusammenfassung der Objekte einer bestimmten Art zu einer Menge hat Cantor beeinflusst, der die Mengenlehre begründete und der noch weiter als Bolzano ging bei der Erweiterung des Unendlichen.

V. Literaturverzeichnis

Primärliteratur:

BOLZANO, Bernard: *Paradoxien des Unendlichen*. Darmstadt: Wiss. Buchges. 1964 (Reprograf. Nachdruck [der Ausgabe] Leipzig: Reclam 1851).

Sekundärliteratur:

BENSE, Max: *Das Leben der Mathematiker. Bilder aus der Geistesgeschichte der Mathematik*. Köln: Staufen-Verlag 1944.

BOURBAKI, Nicolas: *Elemente der Mathematikgeschichte*. Göttingen: Vandenhoeck & Ruprecht 1971.

BOYER, Carl B.: *A history of mathematics*. New York [u.a.]: Wiley 1968.

MESCHKOWSKI, Herbert: *Mathematiker-Lexikon*. Mannheim [u.a.]: Bibliogr. Institut 1964.

PURKERT, Walter/ ILGAUDS, Hans Joachim: *Georg Cantor. 1845-1918*. Basel [u.a.]: Birkhäuser 1987.

VOLPI, Franco/ NIDA-RÜMELIN, Julian (Hrsg.): *Lexikon der philosophischen Werke*. Stuttgart 1988.

WINTER, Eduard (Hrsg.): *Bernard Bolzano. Ein Lebensbild*. Stuttgart-Bad Cannstatt: Friedrich Frommann Verlag 1969.

WUßING, Hans/ ARNOLD, Wolfgang (Hrsg.): *Biographien bedeutender Mathematiker. Eine Sammlung von Biographien*. Berlin: Volk und Wissen 1975.

Elektronische Quellen:

http://www-history.mcs.st-andrews.ac.uk/history/Biographies/Bolzano.html

http://de.wikipedia.org/wiki/Bernard_Bolzano

http://membres.lycos.fr/roxannem/introduction.htm